米沢牛

百有余年...

この美味さに歴史あり

成

せば成る—

創設した藩校

国人教師のチ...

米沢への滞在中、自分が連れてきたコックの万吉に米沢牛の料理をオーダーして食べていました。米沢牛のおいしさには大変感激していたようです。

4年間の任期を終え横浜に帰る際、コックの万吉に店を持たせたのが米沢での牛肉店の始まりとなりました。米沢牛の味を多くの人に知って欲しかったのでしょう。

米沢牛銘柄推進協議会

米

沢は、山形県南部の置賜地方に位置し、南に吾妻、西に飯豊と四方を高い山々に囲まれ、夏は暑く、冬は寒いという季節間の寒暖差がある盆地特有の気候風土であります。最上川源流域の豊かな水資源に恵まれた肥沃な土地は、このような気候風土と相俟って、おいしい果物、野菜、米を育んで豊かな実りをもたらしてくれます。

このすばらしい肉牛を育てる環境に、先人が培った飼育技術が相俟って、肉牛は生後32ヶ月令以上の出荷されるまでの間米沢の自然を背に受けじっくりと育てられます。愛情を持って優しく健康に育てられた牛の肉質は最高級。霜降りには豊かな香りとほどよい溶け具合の旨味があり、一度食したものの心を引き付けます。米沢の人と自然と大地とが育む逸品、これこそが「米沢牛」なのです。

日本 地理的表示
GI
JAPAN GEOGRAPHICAL INDICATION

米沢牛
YONEZAWAGYU
登録日 2017/03/03
山形県 置賜地域
（米沢市、南陽市、長井市、高畠町、川西町、飯豊町、白鷹町、小国町）

農林水産大臣登録第26号

事務局＜ＪＡ山形おきたま 営農経済部畜産酪農課内＞
山形県東置賜郡川西町上小松978-1
TEL.0238-46-5303　FAX.0238-46-5312
http://yonezawagyu.jp

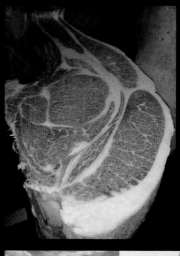

出版にあたって

わが国の食肉産業は、明治時代に発展し、昭和に入って急速に進化していった。役用牛から肉用牛肥育になり、黒毛和牛の進化も極まった。作業面でも機械化が進み、近年はHACCP 導入など、衛生的かつ規格化された和牛肉が流通するようになり、国内のみならず海外で高い支持を集めるまでに成長した。

こうした変化の中、近年とくに問題となっているのが食肉専門技術者の高齢化と減少だ。部分肉流通の拡大など、産業構造のシステム化も進み、かつての職人技術は急速に失われつつある。

そしてそうした職人技術は主に口伝えされてきたため、その技術のすべてが伝わりきることなく、いまこうしている間にも職人の手から離れ、忘れられていっている。

この本は、そうした失われつつある技術のうち、牛枝肉・牛部分肉を評価する "目利き" 技術について、書物として分かりやすく解説することを目的に制作を進めてきた。

全国各地の知恵を集め、全国統一の見方にまとめることは難しく、必ずしも適切なものとはなっていないかもしれないが、食肉産業の未経験者でも優しく牛肉について理解でき、知識を深めてもらいたいという思いを込めた。

また、食肉市場・加工センター関係者・買参者の利用、生産者の技術研さんへの利用、商社・卸売事業者・食肉専門店・量販店・外食店など各担当者が商取引での活用など、牛肉産業に従事するあらゆる関係者を読者として想定した。

当たり前のように食卓にのぼる食肉が、世界に誇れる日本の一大産業であることを理解している日本人は少ない。この本がまだみぬ新しい職人の誕生の一助となることを願いたい。

株式会社食肉通信社

目 次

表紙写真　（上）：碓永辰海さん（株式会社庄田軒精肉店、神戸市長田区）
　　　　　（下）：田中えり子さん（田中精肉店、三重県津市）

牛枝肉・牛部分肉の見方

～食肉のプロフェッショナルを育てる～シリーズ

公益社団法人日本食肉卸売市場協会　会長　小川一夫

聞き手：株式会社食肉通信社

さらなる畜産振興に向け、食肉市場の利用拡大に期待

□食肉市場の昨今の状況や、その中で市場協会が務めておられる役割について改めてお願いします。

　枝肉市場で取引されている牛・豚の取扱頭数は、少しずつ減少しています。平成の初めごろをピークに、和牛5割、乳牛3割、豚2割が市場を経由して流通していましたが、近年は和牛が4割、乳牛や豚は1割近くまで減少しています。

　しかしながら公正な価格形成、迅速な取引価格の公表といった、食肉流通上の核となる役割を果たすのは食肉卸売市場しかありません。その意味では健全に維持していく必要があります。

　そうした中、わが国の食肉市場のほとんどを会員としている日本食肉市場卸売協会では、共通の課題について意見や情報を交換し、わが国の食肉流通が円に維持されるよう活動を行っております。また、各市場で集められた情報を、食肉市場を利用される方に有益な情報として発信していくことで、卸売市場機能の強化に努めていく必要があります。

□昨今の国産牛を取り巻く環境について簡単に総括をお願いします。

　2011年3月に発生しました東日本大震災と、それに続く福島第一原子力発電所の事故に伴いまして、基準値を超える放射性セシウムが検出された稲わらを給与した牛の肉の流通問題が起こりました。それから10年が経過し昨年4月、ついに放射性セシウム検査が終了し、生産者の方々の苦悩が一つ解消されたかと思います。

　しかしその矢先、新型コロナウイルス感染症が世界中にまん延しました。その拡大による社会活動の自粛を受けて、外食産業への影響や、テレワーク実施等による生活スタイルの変化と、これまでになく大きな変化の波にさらされております。

　今後は、TPP等による関税率の引き下げに伴い、輸入ビーフの流通拡大も予想されます。とはいえ、行政が主導する輸出戦略、国内で義務化されたHACCPによる安全・安心な国産牛肉の提供により、国産牛肉市場は今後もさらなる拡大をするものと確信しています。

□和牛に関しまして、過去と比較し、どのような変化がみられますか。

　行政のクラスター事業などの取り組みもあり、一時大きく減少した牛の全国飼養頭数は400万頭水準まで回復し、国

内生産量も回復してきています。このような中で、和牛の上物等級率は2011年が47%でしたが、この10年間で76%まで大幅に上昇しており、これによりサシ気が強く、モモ抜けした和牛の出荷が増えております。枝肉重量についてもこの10年間で10%近く上昇しており、ロースしん面積も増体に比例して、今や100cm²を超える枝肉も多く散見されています。

これは、血統に基づく系統管理による家畜改良が急速に進んだことで、質量兼備の能力の高い種雄牛が増加したためと考えられます。

一方、増体傾向により、施設整備が追いつかなくなってきている市場もあるのも現実です。レールの荷重負荷や、冷却能力、施設内の広さが今後、大きな問題

となるでしょう。

□買参者から求められる声についておきかせ下さい。

買参者の傾向によってさまざまな枝肉が求められることが前提となりますが、やはり肉量が多く取れる歩留まりの良い牛、つまりロースの周囲筋を中心に体形の整った枝肉が求められます。同じ格付でも歩留まりや体形が良く、歩留まり構

成牛と畜頭数と価格の推移

年月	成牛と畜頭数								和牛 A5	
	合計		和牛		乳牛				東京	大阪
2019 年1 月	79,275	99.5	32,449	101.5	27,647	98.3	18,455	97.8	2,805	2,824
2 月	78,242	100.9	32,507	103.1	26,239	98.7	18,583	99.6	2,790	2,841
3 月	83,220	99.4	35,420	102.4	27,455	96.8	19,455	97.9	2,775	2,791
4 月	91,419	101.6	41,616	104.5	27,507	99.6	21,426	98.6	2,742	2,866
5 月	80,419	97.3	34,642	100.9	25,988	95.4	18,835	93.5	2,712	2,789
6 月	78,825	95.2	34,524	99.3	25,071	93.2	18,244	90.0	2,730	2,743
7 月	95,317	100.7	44,142	103.1	28,736	100.7	21,447	96.4	2,724	2,813
8 月	78,820	95.1	32,583	96.9	27,532	95.6	17,749	90.5	2,650	2,695
9 月	83,735	102.7	35,583	105.0	28,097	102.2	18,993	98.4	2,723	2,705
10 月	90,605	98.1	38,647	99.2	30,736	99.1	20,146	94.1	2,658	2,765
11 月	104,330	96.9	50,896	99.2	29,831	97.3	22,434	91.4	2,761	2,808
12 月	94,629	98.5	44,959	99.0	27,576	100.8	21,141	94.5	2,719	2,818
2020 年1 月	81,606	102.9	34,640	106.8	27,806	100.6	18,238	98.8	2,681	2,759
2 月	77,520	99.1	33,433	102.8	25,575	97.5	17,530	94.3	2,576	2,649
3 月	80,495	107.1	33,611	94.9	27,676	100.8	18,080	92.9	2,314	2,386
4 月	84,467	92.4	37,009	88.9	27,629	100.4	18,787	87.7	2,027	2,127
5 月	78,491	97.6	35,227	101.7	25,005	96.2	17,222	91.4	2,201	2,220
6 月	86,167	109.8	39,787	115.2	26,789	106.9	18,494	101.4	2,256	2,182
7 月	94,934	99.6	46,006	104.2	27,145	94.5	20,613	96.1	2,368	2,395
8 月	81,180	103.3	35,662	109.4	26,631	96.7	17,809	100.3	2,379	2,393
9 月	86,368	103.1	38,447	108.0	28,534	101.6	18,240	96.0	2,416	2,450
10 月	93,735	103.5	43,133	111.6	29,640	96.4	19,644	97.5	2,634	2,741
11 月	105,194	104.9	53,378	104.2	28,489	95.5	21,987	98.0	2,738	2,785
12 月	97,207	102.7	47,268	105.1	27,391	99.3	21,365	101.1	2,872	2,962
2021 年1 月	78,703	96.4	33,811	97,6	26,383	94.9	17,409	95.5	2,664	2,782
2 月	77,071	99.4	33,525	100.3	25,247	98.7	17,150	97.8	2,679	2,716
3 月	89,379	111.0	40,054	119.2	29,215	105.6	18,904	104.6	2,787	2,866
4 月	90,392	107.0	42,119	113.8	27,326	98.9	19,686	104.8	2,808	2,824
5 月	79,404	101.2	36,039	102.3	24,589	98.3	17,670	102.6	2,654	2,729
6 月	83,866	97.3	38,516	96.8	25,894	96.7	18,292	98.9	2,651	2,699
7 月	91,819	96.7	45,014	97.9	26,164	101.0	19,371	105.9	2,654	2,706
8 月	81,532	100.4	35,605	99.8	27,067	101.6	17,764	99.7	2,555	2,648
9 月	85,249	98.7	37,836	98.4	27,826	97.5	18,432	101.1	2,653	2,658
10 月	90,378	96.4	40,362	94.0	28,687	96.8	19,968	101.6	2,750	2,693
11 月	106,451	101.2	52,696	98.7	29,456	103.4	23,022	104.7	2,715	2,785
12 月	97,365	100.2	47,362	100.2	27,504	100.4	21,310	99.7	2,828	2,986

成比の高い枝肉の落札価格が高くなる傾向にあります。

また最近は、消費者ニーズの変化により、生産段階から「ストーリー性」のある牛肉が好まれます。生産者の思いや生産者の特徴がプレゼンテーションされた牛肉です。SNSによる情報発信の時代になったことで、小ザシの霜降り肉で、肉色の鮮やかな、見た目に美しい枝肉が求められているとも感じております。

□市場流通のさらなる拡大に向けて、生産者や買参者に一言お願いします。

食肉卸売市場には、多くの産地から家畜が搬入され、多くの買参者がせりに参加することで、皆さまに納得いただける需要と供給を反映した価格で取引が行われています。生産者の皆さまには、こうした公正な価格形成の場にご参加いた

単位：頭、円、%

和牛 A4		和牛 A3		交雑種 B3		交雑種 B2		乳牛 B3		乳牛 B2	
東京	大阪	東京	大阪	東京	大阪	東京	大阪	東京	大阪	東京	大阪
2,498	2,529	2,299	2,244	1,617	1,702	1,497	1,543	1,098		1,024	
2,482	2,469	2,277	2,200	1,642	1,686	1,556	1,552	1,087		1,015	
2,460	2,475	2,257	2,231	1,586	1,664	1,463	1,525			1,037	1,103
2,413	2,484	2,238	2,215	1,632	1,695	1,512	1,562			1,065	1,139
2,411	2,467	2,202	2,210	1,645	1,688	1,547	1,542	1,214		1,058	1,112
2,408	2,391	2,209	2,167	1,627	1,673	1,524	1,551	941		1,051	1,140
2,400	2,394	2,188	2,169	1,636	1,699	1,517	1,555			1,016	1,125
2,355	2,370	2,160	2,143	1,655	1,727	1,512	1,579			1,020	1,120
2,410	2,362	2,172	2,173	1,612	1,683	1,476	1,501	1,044		977	1,129
2,362	2,341	2,164	2,074	1,577	1,651	1,438	1,486			997	1,032
2,414	2,392	2,151	2,162	1,601	1,713	1,439	1,542	1,018		980	1,077
2,288	2,382	1,997	2,074	1,660	1,671	1,464	1,484			954	1,078
2,274	2,318	2,018	2,028	1,605	1,698	1,474	1,536	988		977	1,041
2,116	2,197	1,887	1,927	1,501	1,605	1,320	1,477	972		971	
1,846	1,929	1,651	1,726	1,323	1,444	1,119	1,181			958	1,002
1,688	1,745	1,512	1,570	1,189	1,286	1,031	1,124	923		863	1,035
1,817	1,858	1,610	1,614	1,256	1,312	1,130	1,171	1,022		983	972
1,860	1,794	1,648	1,561	1,182	1,266	1,037	1,091		1,013	947	1,020
2,021	1,916	1,812	1,724	1,308	1,310	1,138	1,119			917	811
2,039	1,981	1,829	1,778	1,382	1,470	1,226	1,275			887	
2,079	2,044	1,888	1,770	1,315	1,429	1,140	1,229			827	1,011
2,332	2,371	2,131	2,171	1,414	1,507	1,255	1,297	1,091		868	1,188
2,495	2,438	2,288	2,231	1,594	1,579	1,453	1,388			955	1,147
2,626	2,580	2,357	2,271	1,675	1,741	1,481	1,584	996	1,156	927	1,059
2,428	2,502	2,260	2,235	1,575	1,616	1,424	1,457		1,065	991	848
2,430	2,416	2,207	2,171	1,484	1,523	1,339	1,350	849	1,023	948	1,017
2,590	2,573	2,402	2,315	1,600	1,603	1,461	1,446	1,014		990	1,091
2,632	2,568	2,481	2,385	1,704	1,711	1,577	1,589		1,345	1,018	1,106
2,393	2,439	2,207	2,217	1,673	1,699	1,537	1,539	1,066	1,205	1,076	1,143
2,385	2,341	2,146	2,111	1,557	1,625	1,403	1,455	1,111		1,044	1,032
2,352	2,392	2,109	2,128	1,577	1,600	1,394	1,368	1,193		1,026	976
2,228	2,372	1,975	2,067	1,569	1,580	1,353	1,347	1,017	1,201	977	1,092
2,296	2,277	2,061	2,025	1,494	1,489	1,305	1,272	1,059		993	1,097
2,331	2,391	2,043	2,063	1,402	1,467	1,215	1,243	1,057	1,148	871	1,118
2,465	2,417	2,219	2,132	1,454	1,493	1,257	1,299			1,032	1,091
2,578	2,598	2,353	2,204	1,543	1,553	1,300	1,311		1,171	1,084	1,108

だき、その良さを体感いただけたらと思います。

　また、市場に来場される多くの買参者の目利きによる評価は、確かなものがあるといえます。さらなる良質な家畜生産のために、多くの生産者の方に食肉市場を利用していただき、肥育技術を余すことなく披露する場として利用いただければと思っています。

　そして買参者におかれましても、昨今は過去にもまして、各生産地とも肥育技術が向上し、特色ある銘柄牛、銘柄豚が出荷されています。買参者の皆さまには、ぜひとも食肉市場をご利用いただき、多種多様な品ぞろえの中から、魅力のある枝肉をご購買いただき、消費者の選択肢を広げる一翼を担っていただけたらと思います。

独立行政法人家畜改良センター　理事長　入江正和

聞き手：株式会社食肉通信社

脂肪質評価広がる、測定装置の開発で進展

2022年現在、新型コロナウイルスの世界的な感染拡大の影響を受け、和牛は輸出やインバウンド需要の大幅な減少、外食の著しい落ち込み、低価格志向の加速などにより、危機的・急速的に需要が減退している。一方、コロナ発生前からすでに和牛の需要減は始まっている。近年、和牛では5等級の発生頭数が増え続け、霜降りを求めるマーケットに対し過剰な供給状態となってきていることも影響しているとみられる。今後の和牛の消費回復・拡大に向けては、脂肪交雑だけではなく、多様な和牛の魅力、付加価値を創造し、伝えていくことが重要なカギとなり、その一つとして「脂肪質（オレイン酸、MUFAなど）」が注目されるところだ。2000年代に入って始まったオレイン酸に着目したブランド化などの取り組みも、農水省が策定した新たな家畜改良増殖目標で、肉用牛については不飽和脂肪酸の向上に向け取り組んでいくことが盛り込まれ、さらに食肉市場や有力な銘柄牛で取り組みが拡大するなど、新たな局面を迎えている。このインタビューでは、和牛の消費拡大に向け改めて「脂肪質」に焦点を当て、食肉の脂肪質について永年研究を続け、牛枝肉から非破壊で迅速・簡単にオレイン酸などの脂肪酸を計測できる近赤外光ファイバ法を産学連携で開発した家畜改良センター理事長の入江正和氏に、脂肪質に関する科学的な知見、最新の研究状況とともに、和牛での脂肪質評価の現状と課題、今後の展望などをきいた。

□そもそもオレイン酸、MUFAとはどのようなものでしょうか。

和牛肉はロースしんで脂肪を20～60%くらい含んでいますが、その脂肪を構成する成分は中性脂質と呼ばれるものが大半で、ほかにリン脂質や遊離脂肪酸などがあります。それら脂質はいずれも各種の脂肪酸から構成されており、その種類の組み合わせによって脂肪の質、具体的には脂肪の締まり、融点や硬軟などが異なってきます。

MUFAは一価不飽和脂肪酸のことで、その大半はオレイン酸であり、両者は似た指標です。オレイン酸は食味や健康面などから注目されており、和牛肉ではMUFA、オレイン酸が多いことが特徴で、これにより融点も低くなり、食味に影響します。

□これらに関する研究の状況と最新の成果や知見、また和牛での脂肪質評価の

これまでの取り組みや意義について。

　肉の脂肪酸の研究は古くから行われており、世界中では非常に多くの研究報告があり、それだけ重要だといえます。脂肪の質が大事だということは世界中で認められていて、以前から餌や品種によっても変わるので、重要視されていました。とくに欧米は健康との関係で重視してきました。

　ただ、日本ではもともと格付でも、肉質に詳しい流通業者も脂肪質は経験から重視していましたが、脂肪交雑を最重視していたため、多くの者が注目する話題にはなりませんでした。

　一方、和牛改良の進展により上物率が向上し、消費者の赤身肉し好の高まりもみられてきたため、次の肉質目標が検討され、脂肪質が浮かび上がってきました。脂肪交雑はずいぶん高まり、その次に何があるのかということでピックアップされたのが脂肪質です。

　われわれが近赤外光ファイバ法の装置と、全国で利用可能なソフト（検量線）を開発し、食肉市場の現場で利用が可能となったことは取り組みの進展に大きく貢献しました。脂肪質の評価は、ガスクロマトグラフ法などで実施されてきましたが、牛枝肉の脂肪質を迅速、非破壊、安価かつ安全に推定する方法として光ファイバ近赤外法を開発したのはおそらく世界初。世界に先駆け、食肉市場で実用化されたことは、脂肪質評価の取り組みに大きな影響を与えました。

　2006年の第9回全国和牛能力共進会鳥取大会で、全国和牛登録協会によって和牛枝肉の審査に脂肪質の光学評価値が初めて導入されたことも大きなきっかけとなっています。そのあと第10回長崎大会、第11回宮城大会でも、光学評価法はさらに重要な肉質評価基準の一つとして発展してきました。

　その間、脂肪質を重視した取り組みが各地域で始まり、食肉市場で装置を最初に導入したのが兵庫県。宮崎県も早い時期に取り入れ、また脂肪質を特徴とした「信州プレミアム牛肉」「鳥取和牛オレイン55」など県を代表する各種の銘柄牛が出てきました。

　また、脂肪交雑と脂肪質は必ずしも比例関係にあるわけではありません。たとえば5等級でも脂肪の質が硬いものもあります。一方、サシがあまり入ってなくても脂肪の質が良いものもあります。

　そのあたりの研究が進み、遺伝的にもそれほど大きな関係がないので、別個に改良ができます。脂肪交雑を高めながらも、脂肪質は別途改良できることが分かってきたことで、脂肪質にも優れる種雄牛の供用がすでに開始されています。

　2020年には家畜改良事業団が、和牛で脂肪交雑と脂肪質（オレイン酸、MUFA含量）の遺伝相関は0.1程度であること、脂肪質の遺伝率も0.6から0.7と高く、他の枝肉形質にも悪影響を及ぼさないことから、種雄牛の脂肪質のゲノミック育種価の公表を開始しました。家畜改良センターでもすでに不飽和脂肪酸に関する遺伝子型情報を活用し、脂肪質の向上を図った「知恵久」などの種雄牛を作出して事業団に供給し、供用が始まっています。

　さらに、日本ではとくに脂肪質と食味との関連性が注目されてきました。調理部門では、輸入ビーフの脂肪は豚肉や鶏肉に比べて融点が高く、口溶けが悪く、弁当を含め冷食には向かないが、和牛肉は例外とされており、融点が低く、食味に優れることも知られてきています。

　このような脂肪質と食味の関係についても研究が進み、新しい知見が出てきており、注目が高まっています。

　□新たな知見とはどのようなものでしょうか。

　牛肉における脂肪質と食味特性に関す

る報告はこれまで十分とはいえませんでしたが、最近では脂肪酸が食感、多汁性、風味（呈味や香り、におい）といった食味特性に影響するという研究が進展しています。現在、そうしたことを総説として取りまとめ、日本畜産学会報に総説として公表しました。

　概要としては、世界的にも実験型や、し好型の官能検査で、和牛は多汁性や軟らかさ、風味のすべての食味特性に優れた値を示しており、この一番大きな原因は脂肪交雑にあるが、それだけではなく脂肪質にも関連があり、いままでよくいわれてきた舌触りの良さだけではなく、多汁性の高さや風味にも影響することが分かってきました。

　これは、和牛肉の脂肪は融点が低いため、口の中で溶けて舌触りが良いのに加え、食べるときに肉汁だけでなく溶けた脂肪が液汁になってジワーッと口の中に広がることで、高い多汁性、ジューシーさを感じることが科学的に明らかになってきたということ。

　また、ここ2、3年の研究で、熟成中に遊離したオレイン酸、リノール酸が舌に脂肪味を感じさせる第6の呈味物質となり、甘味、うまみも刺激することが分かってきました。脂肪はもともと味がないといわれていましたが、実は味があるということが明らかになってきたということであり、世界的に食関係の学会では、新たな第6の呈味として非常に注目されています。

　さらに、多価不飽和脂肪酸は酸化臭の原因になる一方で、遊離一価不飽和脂肪酸とともに、甘い香りのラクトンや脂っぽい香りのアルデヒドなどの芳香成分に変化することも分かってきました。

　つまり、いままでオレイン酸などは単に舌触りの良さといった食感だけがいわれてきましたが、それだけでなく、多汁性や風味にも関係するという重要な機構があることが明らかになってきました。

　今後これにより、もっと脂肪質に関するPRが進んでいくでしょう。科学的な根拠に基づき、多汁性、風味についてもしっかりと訴求できるようになります。

　一方、課題もあり、脂肪質をどれくらい高めると良いのか基準づくりが必要です。オレイン酸含有量は、高くなりすぎても軟らかく軟脂となり、流通の現場で扱いにくい。どれくらいだったら良いのか、今後検討していくことを計画しています。55％から60％くらいまでは良いと思うが、どれくらいで切るか検討の余地があります。

　また、オレイン酸でおいしさを測れると誤解している人がいます。脂肪質はあくまで食味の一つの要因であり、脂肪交雑とこれだけで食味が決まるわけではないので、今後もさまざまな肉質評価の研究が重要となってきます。

　□和牛で5等級の割合が増え続けている状況、また今後の肉質評価、マーケットの展望をどうとらえていますか。

　遺伝的改良が進み、飼養管理技術も普

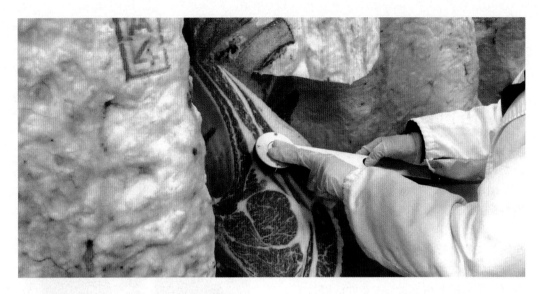

及し、非常にA5率が高まっており、今後も高まっていくでしょう。いままでA5に向かい過ぎた部分があるとも思います。流通が脂肪交雑重視だったこともあり、それを押し過ぎたかもしれません。

でも、それだけでおいしさは担保できません。格付でも肉質等級に脂肪質の項目はあり、現在、日本食肉格付協会はそれを重視する方向にあります。流通業者も脂肪交雑を最も重視していましたが、上物率の向上や消費者の赤身肉し好の高まりなどを踏まえ、脂肪質への関心が高まっています。

いまは脂肪質の方に少しずつ転換されてきて、脂肪交雑だけでなく脂肪の質もチェックされるようになり、さらに脂肪質に優れる「知恵久」、「貴隼桜」などの種雄牛により、脂肪の質が安定的に高められ、一つの流れに着実になっていくでしょう。

加えてコロナ禍で今回、上物を目ざした生産だけでは大打撃を受けることが明確になりました。このため、和牛肥育については試験が進みつつある短期肥育や、これから試験を行う経産牛肥育が新たな和牛肉生産に取り入れられていくものとみています。

この場合、できるだけ安価に生産し、家庭のごちそうになる和牛肉生産を目ざすべきです。そのとき、肉質で重視するのは脂肪交雑ではなく、脂肪質や赤身特性が大切になってくると思っています。

最高級品でなくてもいい。家庭のごちそうくらいのものをつくり、BMS No.12を狙わなくても、8くらいでいいのではないかという声も十分あります。脂肪の質が良ければ3等級でも構わず、脂肪交雑も24カ月齢程度で大分入るので、家庭のごちそうクラスの和牛をつくれると思います。経産牛もそうであり、そうなるとある程度安価に生産できるようになります。

一方、流通業界が評価して買ってくれないとどうしようもありません。そうしないと生産者は必ず一番高いA5に向かいます。多様な和牛肉生産と合わせ、多面的な評価も必要となります。

ある農家はコロナ禍で和牛の売れ行きがストップし、一般的な家庭でやはり食べられていない、それなら自分たちもそういうものをつくりたいと話しています。生産者にもそうした意識が出てきており、脂肪交雑だけではなく、脂肪質も重視し、また経産牛や短期肥育を含め、バランスをもってやらないといけません。

公益社団法人日本食肉格付協会　専務理事　芳野陽一郎

聞き手：株式会社食肉通信社

格付からみる牛枝肉の見方についてきく

□格付の意義について改めて教えていただけますか。

全国統一の基準である「牛・豚枝肉取引規格」に基づく枝肉格付の実施を通じて、食肉の公正な価格形成と取引の推進を図ります。それとともに、牛・豚枝肉の格付情報に加え、関連付加情報を生産現場にフィードバックし、有効活用していただくことで、肉質や歩留まりの改良、生産技術の向上などがさらに推進され、我が国の畜産振興に貢献することと考えます。

□格付からみえる国産牛を取り巻く環境について総括していただけますか。

まずは格付頭数（格付率）の変化としまして、昭和38年（1963年）から開始し、当初の格付率1.6%が昭和59年（1984年）に初めて5割を越え52.1%となりました。平成5年（1993年）に7割を上回り70.4%。平成13年（2001年）には8割を超え80.4%。現在は85%前後で推移しております。近年横ばいである理由は、乳用種の経産牛の格付率が3割未満となっているためです。乳用種を含め肥育牛はほぼ全頭が格付され、流通しております。

次に品種別の割合としては、現行規格の開始時には、去勢牛では乳用種が62.6%を占めており、交雑種はほとんどいませんでした。その後、交雑種と和牛が増加し、現在和牛が約5割を占めております。肉質的に競合する牛肉の輸入増加や雌雄産み分け技術の進歩もあり、乳用種去勢の生産が減ったことで、品種構

成が大幅に変化しました。

国は国産牛肉の輸出拡大を進めており、和牛増頭に力を入れています。

また格付けされた和牛のうち、黒毛和種が98.3%を占めています。褐毛和種1.3%、日本短角種0.4%。黒毛和種以外は生産地も限定的で、繁殖基盤が縮小しています。そのため農林水産省による家畜改良増殖目標の中で、希少種を残していこうという取り組みがあります。

□黒毛和種の品種改良が進んでいます。その点について教えて下さい。

黒毛和種の去勢牛について歩留まり基準値の算出に用いる4項目の変化でみると、平成10年（1998年）の平均値は枝肉重量が431.8kg、ロースしん面積51.3㎠、バラの厚さ7.3cm、皮下脂肪の厚さ2.4cm、歩留まり基準値73.4でした。それが22年後の令和2年（2020年）は512.5kg（+80.7kg）、66㎠（+14.7㎠）、8.2cm（+0.9cm）、2.5cm（+0.1cm）、74.9（+1.5）と飛躍的に向上しています。

また、肉質面では、BMS（脂肪交雑）ナンバーの平均が5.4でしたが、7.9（+2.5）に。BCS（肉の色沢）は3.9が3.7、「肉の締まりおよびきめ」が3.6から4.4、BFS（脂肪の色沢と質）が2.9から2.7となり、とくにBMSの増加が際立っています。

格付は枝肉の品質を規格によって区分する物差しの役割を果たしています。高い格付率からお分かりいただけるとおり、多くの生産者に信頼・利用され、また、多くの改良機関にも利用され、品質の向上に大きく貢献しているものと考えます。

取引価格は需給を反映して市場において形成されており、たとえば赤肉志向が強まれば、それに合う等級のものが高く取引されるものと思われます。将来的に「5」等級より「3」等級が高値で流通されることもあるかもしれませんが、どの市場においても、加重平均価格では上位等級がいずれも高値で取り引きされています。

現在さまざまな食味の研究がなされており、またおいしさの観点は人それぞれの価値観によっても異なりますが、肉質等級が一定の食味の指標になっていることは間違いないといえます。その中で黒毛和種にとって脂肪交雑はとても重視されています。

現状から考えると「5」等級の発生率はさらに高まりそうです。また、当協会は豚肉の客観的な肉質評価手法の開発調査事業の中で食味試験を数多く実施しておりますが、上位格付等級の食味が有意に良いという結果が出ております。

□近年の取り組みについて教えてください。

ここ数年、牛・豚格付結果証明書の発

黒毛和種去勢の歩留まり項目の推移（平均値）

	枝肉重量（kg）	ロースしん面積（cm²）	バラの厚さ（cm）	皮下脂肪の厚さ（cm）	歩留まり基準値
1998 年	431.8	51.3	7.3	2.4	73.4
2003 年	440.7	52.8	7.5	2.3	73.7
2008 年	472.1	55.3	7.7	2.4	73.7
2013 年	479.6	57.8	7.8	2.4	74.0
2018 年	504.8	63.6	8.1	2.5	74.5
2020 年	512.5	66.0	8.2	2.5	74.9

黒毛和種去勢の肉質項目の推移（平均値）

	BMS	BCS	締りきめ	BFS
1998 年	5.4	3.9	3.6	2.9
2003 年	5.2	3.8	3.6	2.9
2008 年	5.7	3.8	3.7	3
2013 年	6.1	3.8	3.9	3
2018 年	7.3	3.7	4.3	2.9
2020 年	7.9	3.7	4.4	2.7

和牛去勢の牛枝肉格付構成割合の推移（%）

	A5	A4	A3	A2
2010 年	18	35	26	9
2011 年	18	36	26	9
2012 年	20	38	25	8
2013 年	22	40	23	6
2014 年	27	41	20	4
2015 年	31	41	20	3
2016 年	34	41	20	3
2017 年	38	39	20	3
2018 年	41	38	20	2
2019 年	46	35	20	2
2020 年	50	34	10	2
2021 年	53	32	9	1

行を所望される購買者が増えています。令和3年の実績としては牛が2万5,989件（前年比28.5％増）。うち英語版が7,519件（同70.3％増）と、海外からの需要が非常に高いことが分かります。豚は165件でした。

オレイン酸値の測定も増えています。令和3年の実績として1万1,380件（前年比18.1％増）です。現在は研究者のみならず流通に携わる事業者も含め、食肉の"味"に関する情報を数値化して把握していこうという流れがあります。

もちろん、食肉のおいしさは単純に表現できるものではありません。例えば果物の糖度測定のような単一の指標では判

定できません。また、枝肉の段階だけでは判断できず、その後の処理・加工の仕方や、食べ方、料理の仕方などによっても味が大きく変わります。熟成により変化するものもあり、枝肉の段階でおいしさが確定されるわけではありません。

ただ、牛枝肉取引規格における「肉質等級」の中の各項目、例えば「肉色及び光沢がかなり良いもの」といった表現の中に、抽象的ではありますが包含されています。将来的にはこのような項目が徐々に数値化され、みえる化が進んで行くものと思います。

歩留まりやBMSの向上は、それぞれ数値化されていることも大きな要因といえます。数値化したものは目標として定められたり、評価しやすく、その数値を目標に生産者や改良関係者も取り組んでおられます。

新たな評価の一つがオレイン酸値でしょう。ただオレイン酸値も高ければ高いほど良いというわけではありません。ある一定の指標として利用され、あくまで肉質等級をベースに今後、さらに多様な項目において、おいしさ（食味）の数値化がなされていくのではないでしょうか。

また家畜改良増殖目標の示す方向性もあり、徐々に肥育月齢は若齢化していくと思われます。高品質を求めた結果とし

て長期肥育牛を購入される購買者もおられますが、若齢肥育でも数値結果が良いとなれば、購買者の認識も変わっていくのではないでしょうか。

また、平成30年から開始しているPMS（豚肉の脂肪交雑基準）の判定とその結果証明書の平成3年次の発行件数は2,513件でした。

□新しい取り組みについて教えてください。

豚枝肉になりますが、JRA畜産振興事業を活用し、食肉脂質測定装置による脂肪酸組成の測定のための検量線が完成し、そのことについて令和3年（2021年）4月に記者発表しました。

令和3年度は社会実装に向けた試行調査・検証を行い、令和4年度中には生産者、流通業者等のご要望に応じて格付に付加する別オプションとして測定及びデータの提供を開始する計画です。国産豚肉の品質向上の取り組みの一端を担う事業となります。

また、豚枝肉の取引規格改正について、令和2年（2020年）3月に策定・公表された家畜改良増殖目標では豚に関してさらなる肉質改良、食味に関する評価手法の検討と簡易な測定手法の確立・普及に加えて、出荷体重（現状115kg）

の目標(120kg)については枝肉の「取引基準との整合を図りながら進めるように努める」とされており、国の施策に沿った対応として、豚枝肉取引規格の各等級の枝肉重量帯を引き上げるよう検討しております。

　そしてこちらも豚枝肉についてですが、豚枝肉格付結果情報に関して新しい提供方法を導入します。これまでのような紙ベースでの提供から、格付結果情報について生データをダウンロードして自ら分析可能となるように電子媒体で提供するほか、格付関連情報を様々な角度から詳細に分析してみやすくグラフ化する機能なども付加したものも併せて提供し、スマートフォンやパソコンで閲覧できるシステムを構築しています。

　また、豚枝肉の非破壊での歩留まり推定方法について開発・検討を行っています。牛枝肉と異なり、豚枝肉では主に肋骨間の切開を行わずに取引が行われていますので、切開面での計測による部分肉歩留まりを推定する取り組みは実施されていません。

　また通常の流通においても、格付時に切開を実施することは困難です。このことから枝肉の2分体の露出部位から得られる情報(背脂肪厚や棘突起長等)と部分肉歩留まりとの関連性から歩留まり推定式の作成のための調査を行っているところです。

　牛枝肉では、交雑種に対してのオレイン酸測定についても現場での実施を予定しています。交雑種においても、食味評価の一つとされるオレイン酸（脂肪の質）の測定を希望される生産者の要請を受けております。現在すでに和牛の測定に使用している全国統一検量線が交雑種にも適用できるかの検証を実施し、その結果を受けて令和5年度以降に現場での実施を予定しています。

牛枝肉の評価ポイント

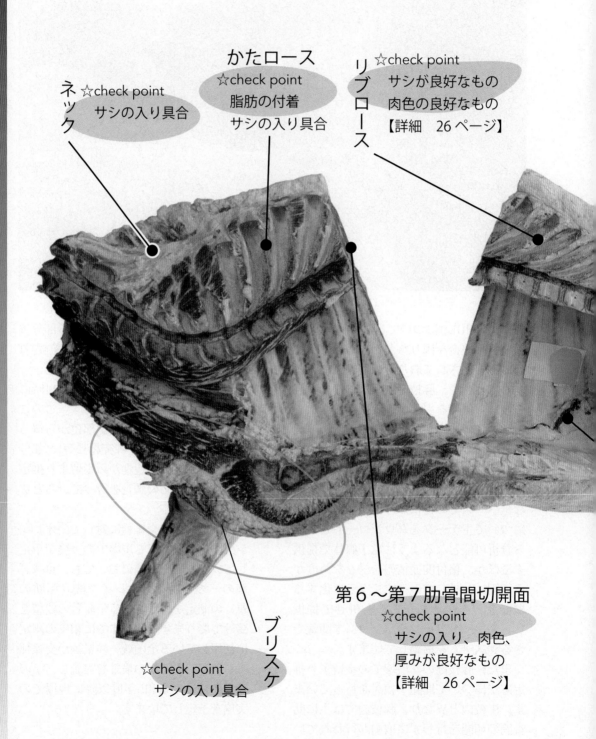

ネック
☆check point
サシの入り具合

かたロース
☆check point
脂肪の付着
サシの入り具合

リブロース
☆check point
サシが良好なもの
肉色の良好なもの
【詳細　26ページ】

ブリスケ
☆check point
サシの入り具合

第6～第7肋骨間切開面
☆check point
サシの入り、肉色、
厚みが良好なもの
【詳細　26ページ】

枝肉全体がみえる位置に立ち、肉付き（均称）をチェックする。

枝肉バイヤーは、ロースの切開面だけでなく、いくつものポイントから判断している。

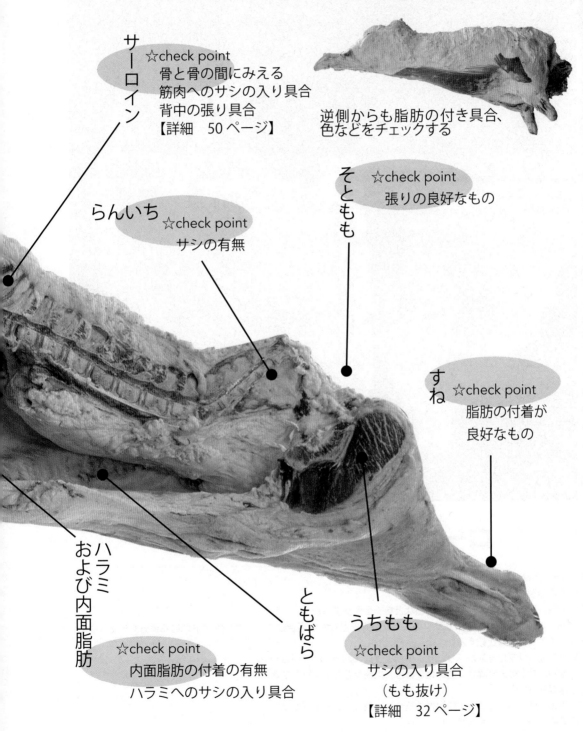

サーロイン
☆check point
骨と骨の間にみえる
筋肉へのサシの入り具合
背中の張り具合
【詳細　50 ページ】

逆側からも脂肪の付き具合、
色などをチェックする

らんいち
☆check point
サシの有無

そともも
☆check point
張りの良好なもの

すね
☆check point
脂肪の付着が
良好なもの

ハラミ および内面脂肪
☆check point
内面脂肪の付着の有無
ハラミへのサシの入り具合

ともばら

うちもも
☆check point
サシの入り具合
（もも抜け）
【詳細　32 ページ】

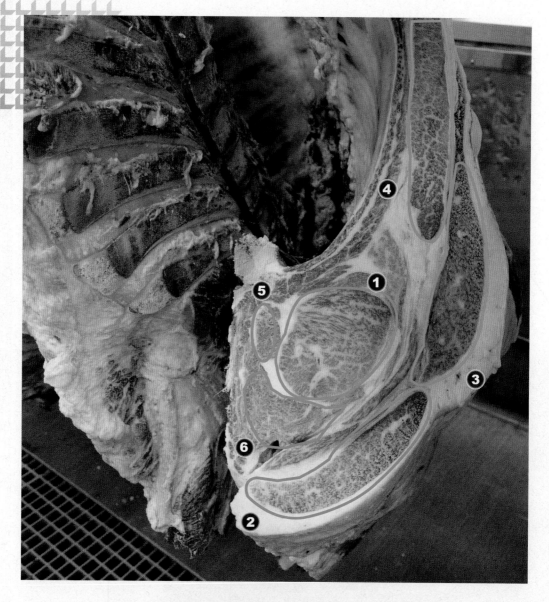

ロース切開面の評価ポイント

☆ CheckPoint

❶胸最長筋（ロース芯）

　面積、形、サシの入り具合、肉色などをチェックする。

　同じ等級の枝肉場合でよりサシの入った枝肉を選びたい場合はロース芯のサイドにある部分をチェックし、サシの入り具合を比較する。

❷僧帽筋（リブロースかぶり、リブキャップ）　❸広背筋（ばらかぶり）

　面積、サシの入り具合、脂の付き具合、肉色などをチェックする。

❹腹鋸筋（ばら）

　面積、サシの入り具合、脂の付き具合、肉色などをチェックする。

❺頭半棘筋（副芯、えんぴつ）

❻背半棘筋（まき、ふかひれ）

肉色

色の好みは、さまざま、自身で好みの肉色を見つけて、チェックする。

肉色が浅めのロース

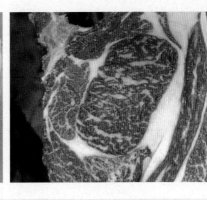

肉色が濃いめのロース

胸最長筋（ロース芯）のチェック1

ロース芯の大きさは、使用する際にベストな大きさを考えてチェックする。

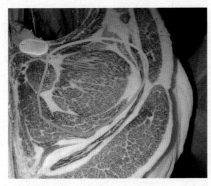

大きなロース芯
（写真のロース芯面積は105㎠）

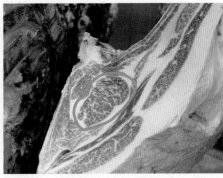

小さなロース芯

胸最長筋（ロース芯）のチェック2

ロース芯の形は円形から角形、ハート型まであり、より円に近いほうが好まれている。

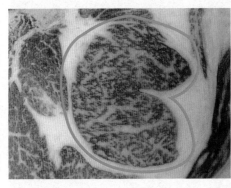

ハート型のロース芯は人気が低い

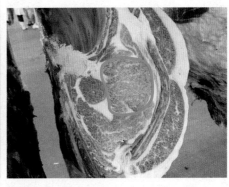

四角形に近いロース芯

27

胸最長筋（ロース芯）のチェック３

サシ（脂肪交雑、霜降り）の多い少ない、サシの流れ方などをチェックする。

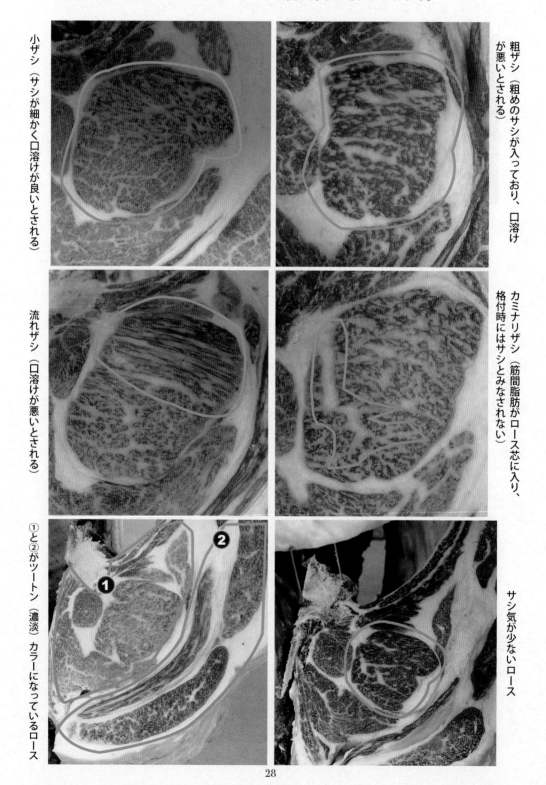

小ザシ（サシが細かく口溶けが良いとされる）

粗ザシ（粗めのサシが入っており、口溶けが悪いとされる）

流れザシ（口溶けが悪いとされる）

カミナリザシ（筋間脂肪がロース芯に入り、格付時にはサシとみなされない）

①と②がツートン（濃淡）カラーになっているロース

サシ気が少ないロース

胸最長筋（ロース芯）のチェック４

ロース芯の照り（光沢）をチェックする。

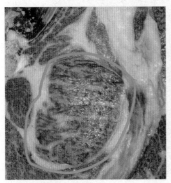

照りがあるロース芯

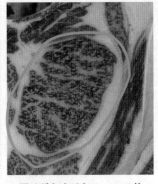

照りがあまりないロース芯

切開面の裏側チェック
形状が異なる場合があるので、確認して
おいた方が良い

腹鋸筋（ばら）のチェック

ばらの厚みをチェックする。合わせてサシの入り具合もみる。

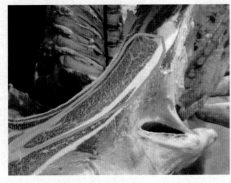

ばらに厚みがある

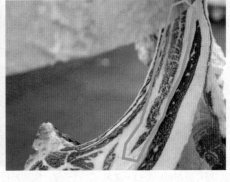

ばらに厚みがない

僧帽筋（リブロースかぶり、リブキャップ）のチェック

リブロースかぶりは、使用する際にベストな大きさを考えて肉色、サシの入り具合などチェックする。

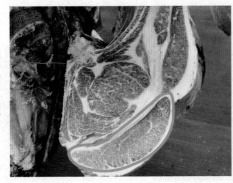

厚みのあるかぶり

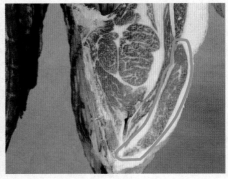

厚みのあまりないかぶり

ロース断面の評価ポイント

脂肪のチェック

ロース周辺の脂肪の付き具合、色、硬さなどチェックする。脂肪が多いと歩留まりが悪い。

筋間脂肪が少ないロース

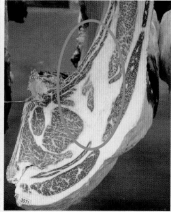
筋間脂肪が多いロース

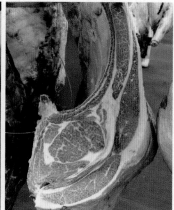
脂肪のあまり付いていないロース

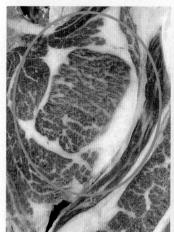
周囲に厚く脂が付いたロース芯

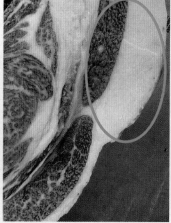
バラ側に脂肪が付いているロース

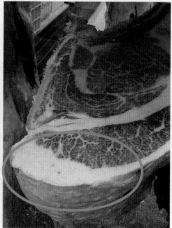
背中側に脂肪が付いているロース

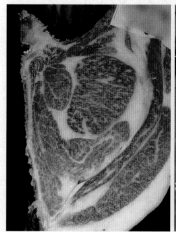
照りのある脂肪

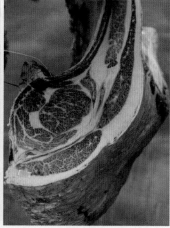
硬い脂肪

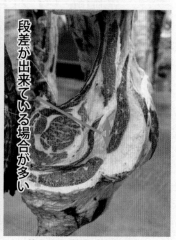
段差が出来ている場合が多い

軟らかい脂肪（軟脂傾向）

30

バランスの取れたロース断面

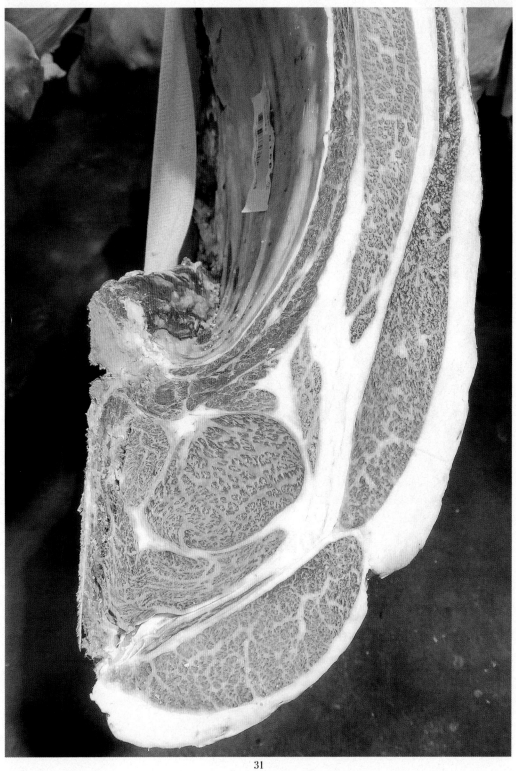

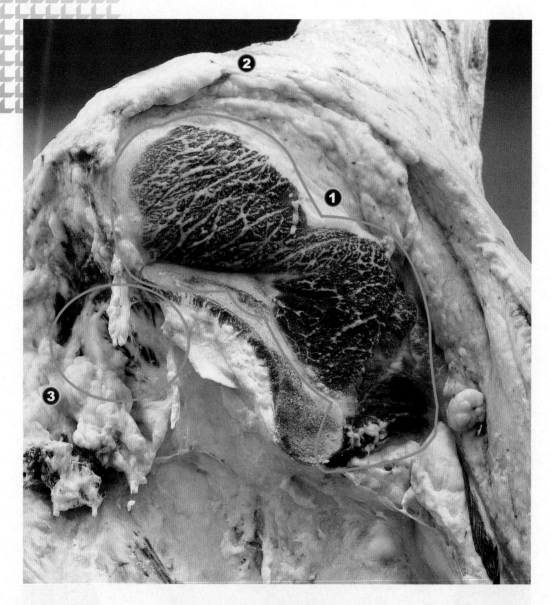

ももの評価ポイント

☆ CheckPoint

❶うちもも（うちひら）
　面積、形、サシの入り具合、肉色、脂肪の色などをチェックする。
　※うちもものサシは一般的に「もも抜け」と表現される。

❷そともも（そとひら）
　張り具合、脂肪の色などをチェックする。

❸めがね
　サシの入り具合、肉色などをチェックする。

サシの入り具合とうちももの形（雌）

うちもものサシの入り具合（サシの細かさ、量、流れ方など）をチェックする。

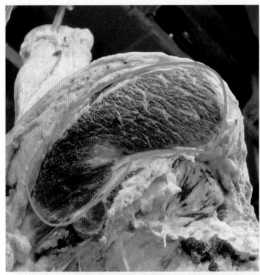
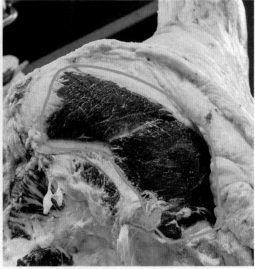

サシの入っているうちもも（雌）　　　　　　サシの入っていないうちもも（雌）
※うちももにサシが入っていても、そとももも同様に入っているとは限らない

サシの入り具合とうちももの形（去勢）

うちもものサシの入り具合（サシの細かさ、量、流れ方など）をチェックする。
去勢と雌ではうちももの見え方が異なっており、去勢は雌に比べて判断が難しい。

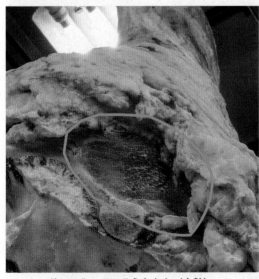
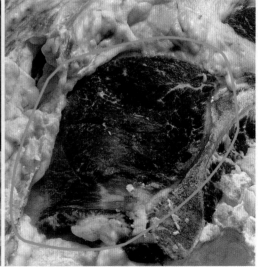

サシの入っているうちもも（去勢）　　　　　　サシの入っていないうちもも（去勢）
※背割の状態にもよるので一概にはいえない

33

ももの評価ポイント

そともも、らんいちの張り具合

ももの歩留まりに関係するそとももの張り具合、肉色などチェックする。
そとももに張りがあるとももの肉量が期待できる。ただし、多くのもも肉を求めない場合はスマートなそとももが望ましい。

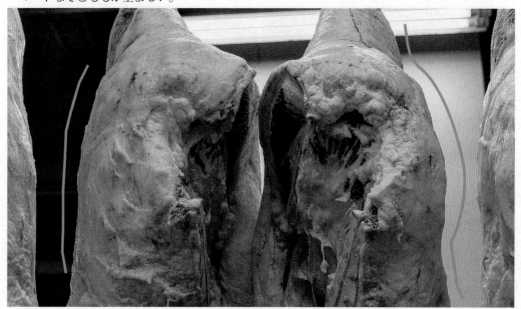

スマートなもも（左）と張りのあるもも

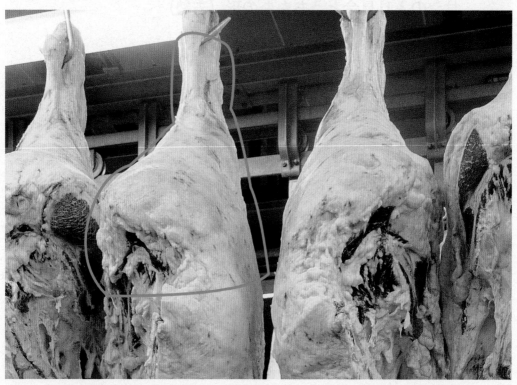

そとももの脂肪の付き具合、色をチェックし、ともすね（ちまき）の脂肪の付き具合をみる

フランク（ささみ、ともばらの一部）の評価ポイント

サシの入り具合などチェックする。

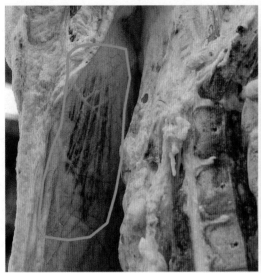

赤身に白いスジがみえ、サシが入っているフランク

赤身に白いスジがあまりみえず、サシがあまり
入っていないフランク

ハラミ（横隔膜）の評価ポイント

内面脂肪の付着度合い、サシの有無などをチェックする。

サシが入っているハラミ

サシがあまり入っていないハラミ

ろっ骨の内面脂肪の付着状態の評価ポイント

脂肪色、脂肪の付き具合などチェックする。

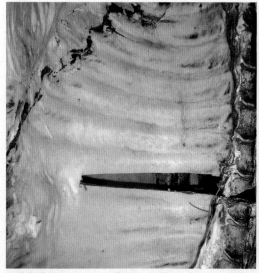

肥育期全般において、満遍なく飼料を食い込んだため、内臓脂肪がきれいに乗っている

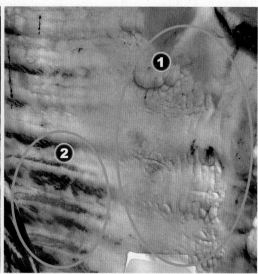

急激に食い込んだり、食い込みが悪かったりしたことで、脂肪がボコボコと付着したり（①）、内臓脂肪の乗りが悪い部分がみられる（②）

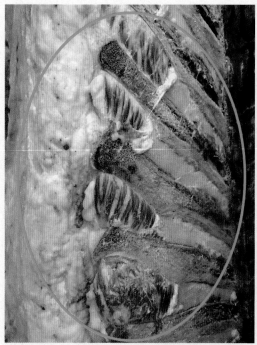

サーロイン・リブロースの胸つい棘突起（割肌）に、サシがしっかりと入っている。また、張りがあり肉が盛り上がっている

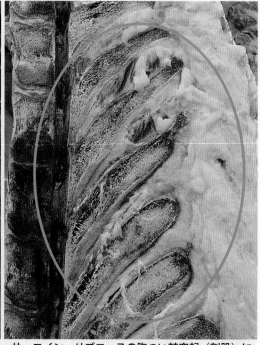

サーロイン・リブロースの胸つい棘突起（割肌）に、サシがあまり入っていない

※一概にはいえない

かたこぶの評価ポイント

脂肪色、脂肪の付き具合、張り、サシの入り具合などチェックする。
シコリが入っていることも多いので確認する。

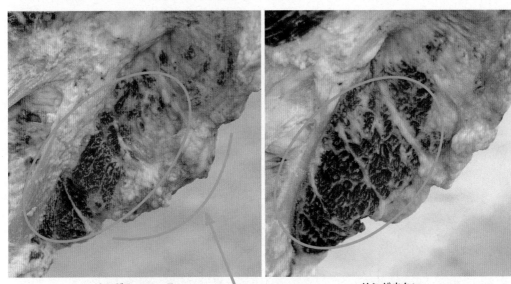

サシが入っている　　　　　　　　　　　　サシが少ない

張りのチェックを行う（盛り上がっていると歩留まりが良い可能性が高い）

ネックの評価ポイント

内面脂肪の付着度合い、サシの有無などをチェックする。

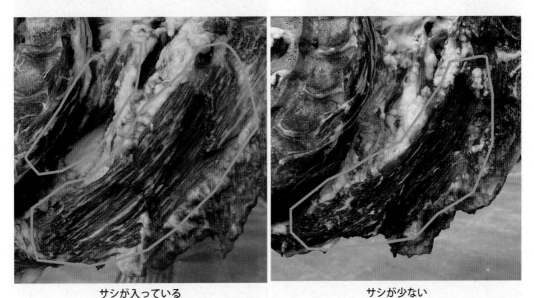

サシが入っている　　　　　　　　　　　　サシが少ない

ネックとブリスケの両方の仕上がりの判断材料になる
また、この部分は懸垂により血抜きが悪くなりやすい

腰の評価ポイント

腰の部分の肉が盛り上がっているかどうかをチェックする。
肉が盛り上がり、サシが入っていれば、ロースにもしっかりとサシが入っている可能性が高い。
また腰の部分の肉の厚みが、ロースの歩留まりにも影響してくる。

サシが入って盛り上がっている

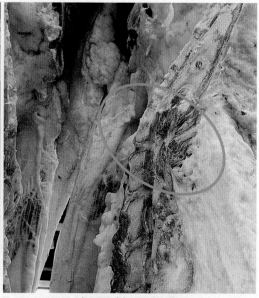

肉の飛び出ていない腰

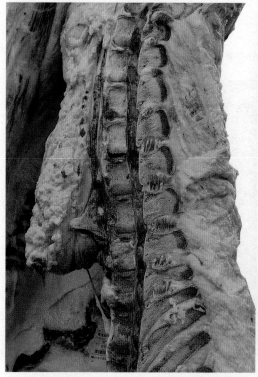

肉に厚みがあり、ロースの充実が期待できる

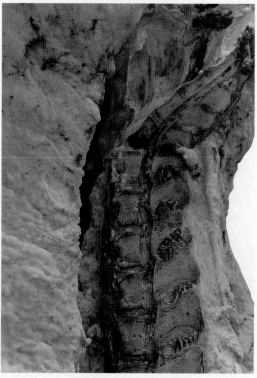

肉の厚みがあまりない腰

腎臓脂肪（ケンネン脂）のチェック

脂肪の付き具合、色などをチェックする（腎臓脂肪は枝肉重量に加算されるため、大きいと歩留まりが悪くなる）

脂肪が絞れている腎臓
月齢が長い枝肉は、絞れている場合が多い

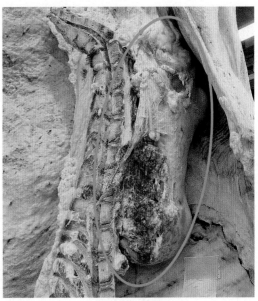

脂肪の多い腎臓

腹横筋上部の表面脂肪（枝肉内面脂肪）のチェック

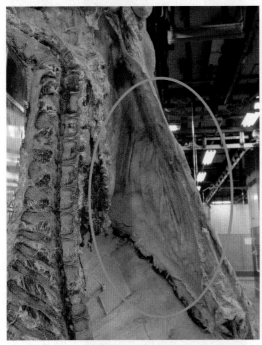

全体的に白く膜が張ったような脂肪（肥育期全般
において満遍なく飼料を食い込んだ）

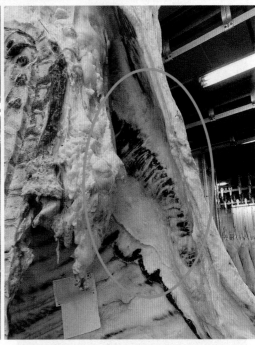

あまり充実していない脂肪（食い込みが悪かった
りしたことで脂肪の乗りが悪い）

枝肉の体型

枝肉の体型をチェックする。さまざまな角度からチェックし、隣の枝肉との比較も行う。
腰脂が付いている枝肉は、歩留まりが悪く、ロースの構成比が低くなる可能性が高い。

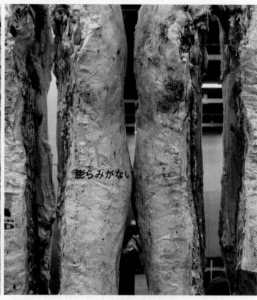
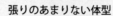

張りのある体型　　　　　　　　　　　　張りのあまりない体型

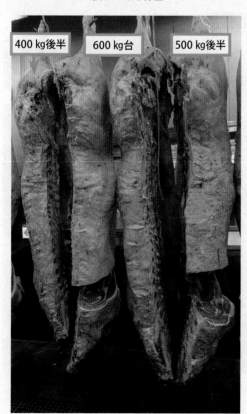

さまざま角度から枝肉をみて、体型のチェックを行う。隣の枝肉との比較も行う。

重量があるからといって肉量の比率が高いとは限らず、脂肪が多くて骨が太く、歩留まりが良くない場合もある。自店で使いやすい枝肉の重量、体型などを見極める。

40

雌・去勢の見分け方

　うちももの形でも見分けがつくが、雌は下腹部に乳房の痕が残り、去勢は陰のう脂肪で盛り上がっている。

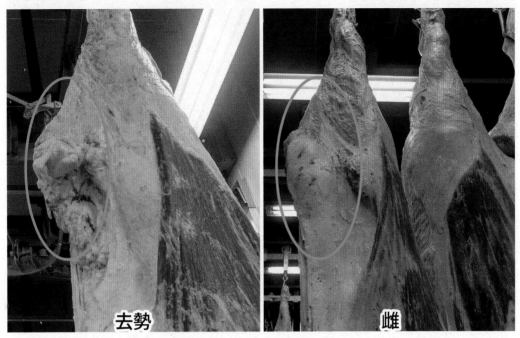

去勢　　　　　　　　　　　　雌

月齢の長短による棘突起先端の軟骨の変化
<small>きょくとっき</small>

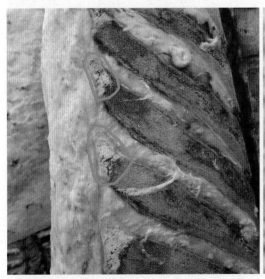

月齢が短い牛の軟骨

月齢が長い牛は軟骨が硬骨化している

※枝肉や背割の状態にもよるため一概にいえない。

枝肉の瑕疵の種類

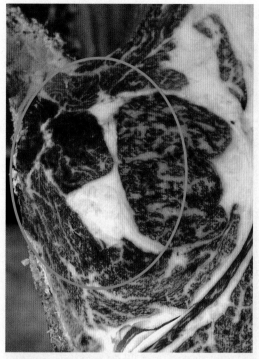

ア　多発性筋出血（シミ）

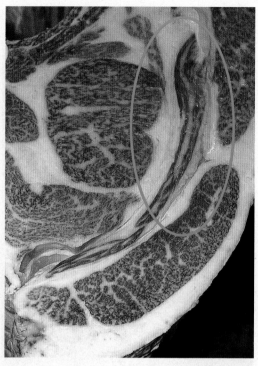

イ　水腫（ズル）

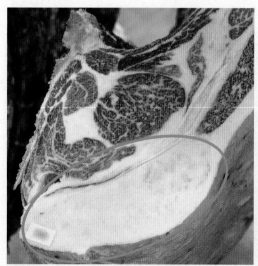

ウ　筋炎（シコリ）
シコリによっては硬いもの、軟らかいもの
がある

エ　外傷（アタリ）

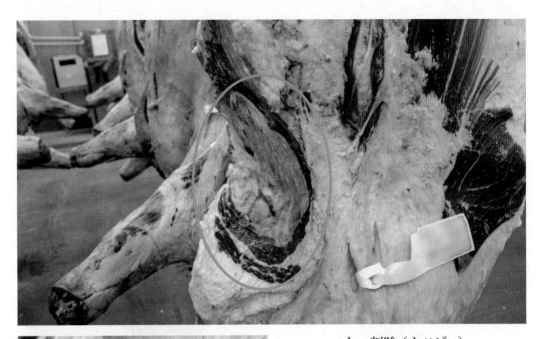

オ　割除（カツジョ）

カ　その他
写真は肋骨の骨折痕

「カ　その他」は、背割不良、骨折、放血不良、異臭、異色のあるもの及び著しく汚染され
ているもの等ア〜オに該当しないものである。

ネック

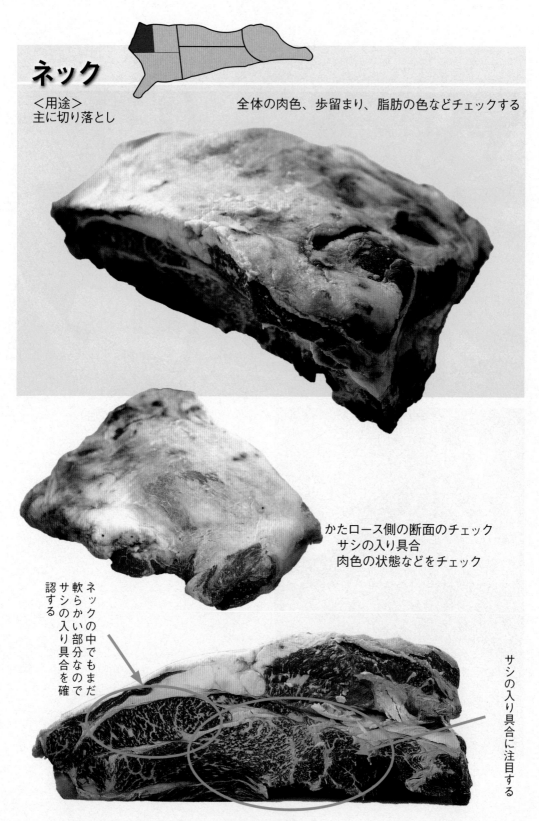

<用途>
主に切り落とし

全体の肉色、歩留まり、脂肪の色などチェックする

かたロース側の断面のチェック
サシの入り具合
肉色の状態などをチェック

ネックの中でもまだ軟らかい部分なのでサシの入り具合を確認する

サシの入り具合に注目する

かたロース側

かた（うで、しゃくし）

<用途>
焼き肉、すき焼き、しゃぶしゃぶ
ミスジステーキ

全体の肉色、歩留まり、脂肪の色などチェックする

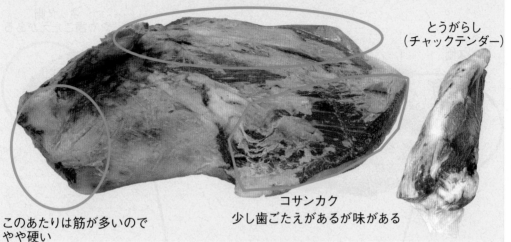

ウワミスジ（この下がミスジ）

とうがらし
（チャックテンダー）

コサンカク
少し歯ごたえがあるが味がある

このあたりは筋が多いので
やや硬い

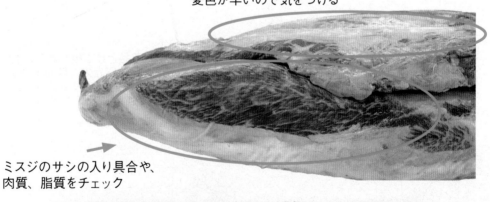

ウワミスジ
変色が早いので気をつける

ミスジのサシの入り具合や、
肉質、脂質をチェック

サシの入り具合をチェック

広背筋（コサンカク）

かたロース（くらした）

全体の肉色、歩留まり、脂肪の色などチェックする

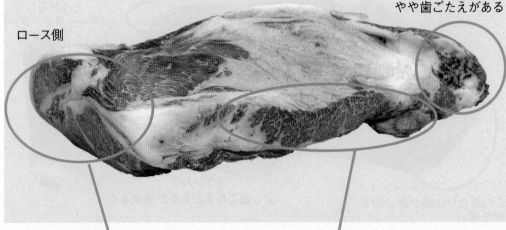

＜用途＞
焼き肉、すき焼き、しゃぶしゃぶ、
ステーキ、ネック側は切り落としも

ネック側
やや歯ごたえがある

ロース側

ロース側の断面
のサシの入り具
合をチェック

上物商品として扱われること
が多いざぶとん（はねした）
にあたる側面のサシの入り具
合をチェックする

ざぶとんの厚みもチェックする

※ネックとかたロースの分割は日本食肉格付協会「牛部分肉取引規格」によると第6〜7頸
　椎跡間だが、実際の流通は異なる場合もある

かたばら

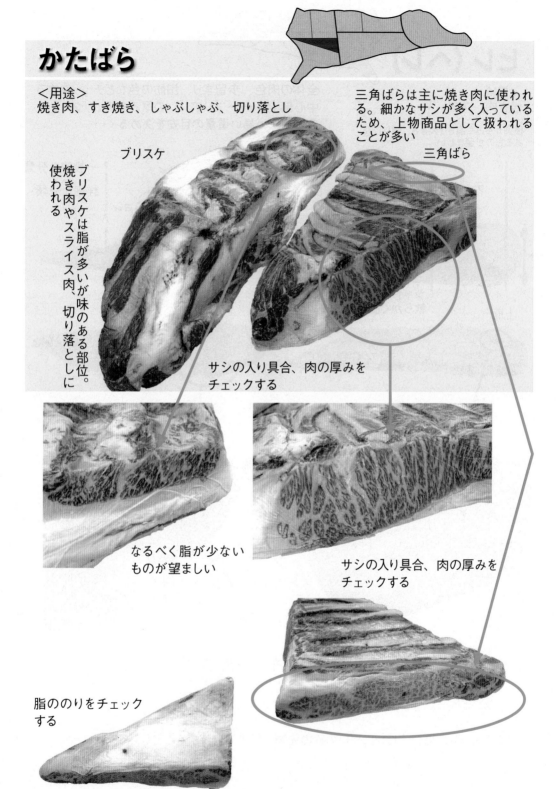

<用途>
焼き肉、すき焼き、しゃぶしゃぶ、切り落とし

三角ばらは主に焼き肉に使われる。細かなサシが多く入っているため、上物商品として扱われることが多い

ブリスケ

三角ばら

ブリスケは脂が多いが味のある部位。焼き肉やスライス肉、切り落としに使われる

サシの入り具合、肉の厚みをチェックする

なるべく脂が少ないものが望ましい

サシの入り具合、肉の厚みをチェックする

脂ののりをチェックする

※かたばらは三角ばらとブリスケで別々に流通するケースもある

47

ヒレ（ヘレ）

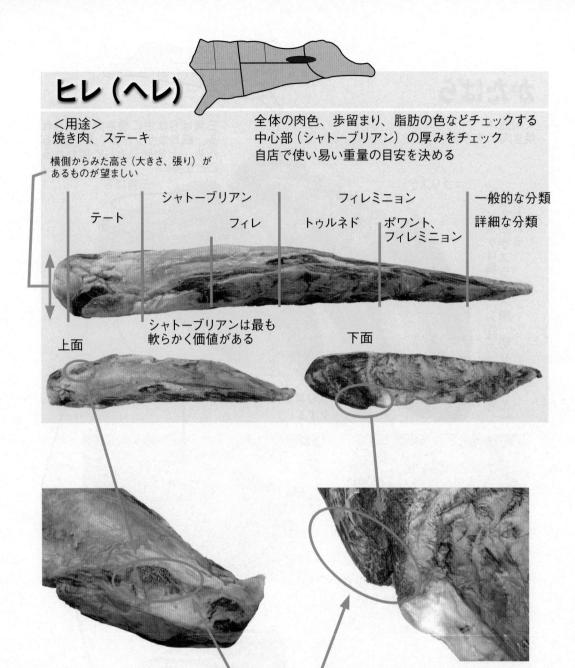

<用途>
焼き肉、ステーキ

横側からみた高さ（大きさ、張り）が
あるものが望ましい

全体の肉色、歩留まり、脂肪の色などチェックする
中心部（シャトーブリアン）の厚みをチェック
自店で使い易い重量の目安を決める

シャトーブリアン　　　　　　　フィレミニョン　　一般的な分類

テート　　　　　　　　　　　　　　　　　　　　　　詳細な分類
　　　　　　　　　フィレ　　　トゥルネド　　ポワント、
　　　　　　　　　　　　　　　　　　　　　　フィレミニョン

シャトーブリアンは最も
軟らかく価値がある

上面　　　　　　　　　　　　　　　　　　　下面

サシの入り具合をチェック

※関東のカットの場合、ヒレにかいのみの先端を付けて包装することもある。

リブロース

<用途>
焼き肉、すき焼き、しゃぶしゃぶ、
ステーキ

全体の肉色、歩留まり、脂肪の色などチェックする

サーロイン側

かたロース側

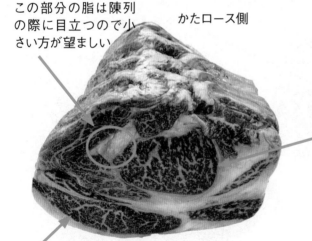

この部分の脂は陳列
の際に目立つので小
さい方が望ましい

かたロース側

ロース芯の大きさをチェック
サシの入り具合をチェック

無駄な脂の入り具合をチェック

リブロースかぶりの大きさをチェック
サシの入り具合をチェック

サーロイン側

サシの入り具合をチェック

脂の部分の長さ（脂の量）をチェック

サーロイン

<用途>
焼き肉、すき焼き、
しゃぶしゃぶ、ステーキ

全体の肉色、歩留まり、脂肪の色などチェックする
最後まで均等に肉があるかどうか

らんぷ側

リブロース側

脂が乗っている場合があるので
チェックする

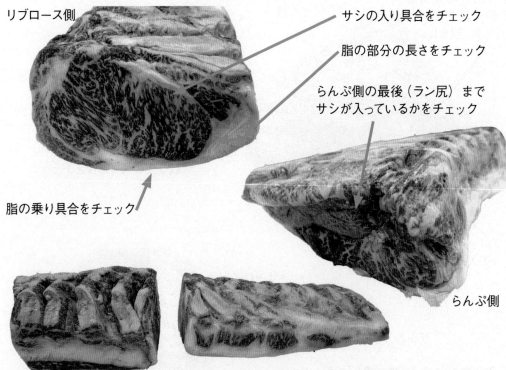

リブロース側

サシの入り具合をチェック

脂の部分の長さをチェック

らんぷ側の最後（ラン尻）まで
サシが入っているかをチェック

脂の乗り具合をチェック

らんぷ側

リブロースとサーロインの分割は、日本食肉格付協会「牛部分肉取引規格」によると
第10〜11胸椎跡間だが実際の流通は異なる場合もある

うちばら（なかばら）

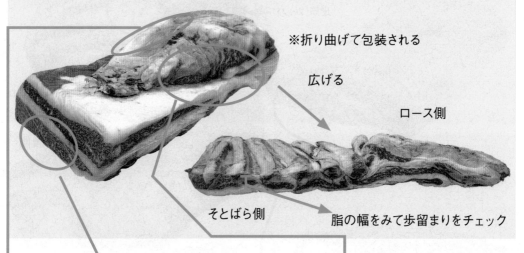

ばらは、うちばらとそとばらで分けずに胴切りする流通パターンもある

<用途>
焼き肉、切り落とし

全体の肉色、歩留まり、脂肪の色などチェックする

※折り曲げて包装される

広げる

ロース側

そとばら側

脂の幅をみて歩留まりをチェック

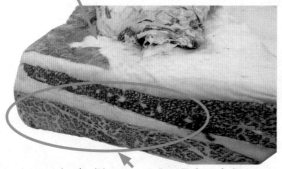

三角ばら側のサシの入り具合、歩留まりをチェック

かいのみ（フラップミート）部分のサシの入り具合をチェック

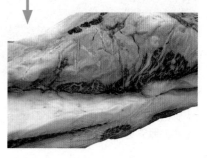

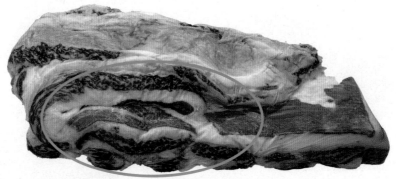

側面のサシの入り具合、歩留まりをチェック

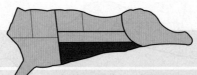

そとばら

<用途>
焼き肉、切り落とし

全体の肉色、歩留まり、脂肪の色などチェックする

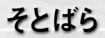

皮筋(カッパ)→

フランク(ささみ)

インサイドスカート(ショートプレートの上に乗っている)

ショートプレート

腹側

※折り曲げて包装される

サシの入り具合、皮下脂肪の厚みと肉の部分の厚みをチェックする

この部分がインサイドスカート

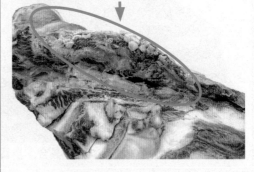

サシの入り具合、脂の厚みをチェックする

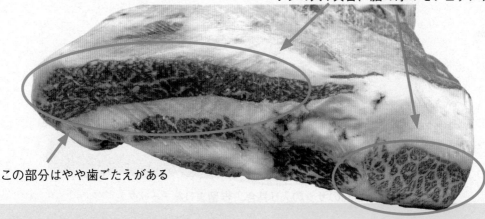

この部分はやや歯ごたえがある

うちもも（うちひら）

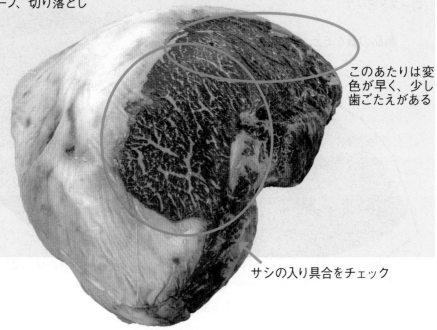

<用途>
焼き肉、すき焼き、
しゃぶしゃぶ、ステーキ、
ローストビーフ、切り落とし

サシの入り具合、全体の肉色、歩留まり、脂肪の色などチェックする

このあたりは変色が早く、少し歯ごたえがある

サシの入り具合をチェック

全体の歩留まり、脂肪の色などチェックする

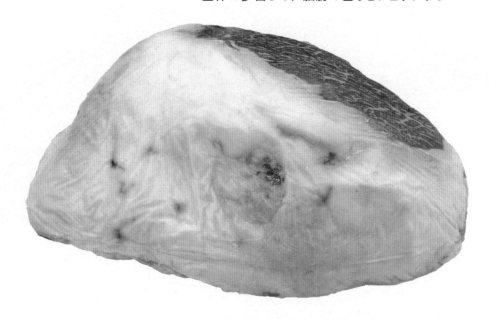

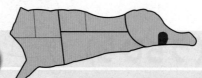

しんたま（まる）

＜用途＞
焼き肉、すき焼き、
しゃぶしゃぶ、ステーキ、
ローストビーフ

全体の肉色、歩留まり、脂肪の色などチェックする

脂肪の量をチェック

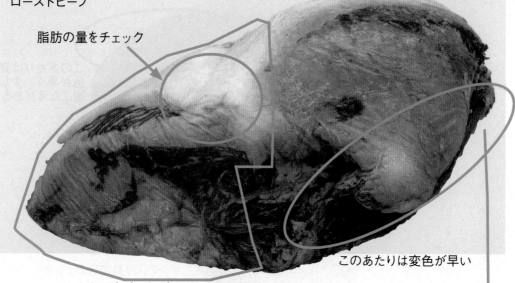

このあたりは変色が早い

とも三角（ひうち）
ももの中で一番サシが入る部位

サシの入り具合をチェックする

色の濃淡をチェックする

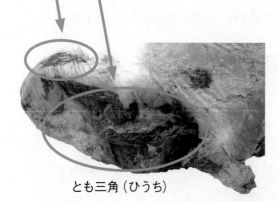

とも三角（ひうち）

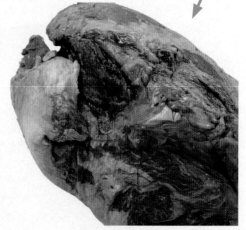

らんいち

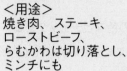

全体の肉色、歩留まり、脂肪の色などチェックする

<用途>
焼き肉、ステーキ、
ローストビーフ、
らむかわは切り落とし、
ミンチにも

らむかわのサシの
入り具合をチェック

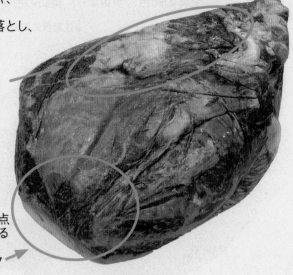

サーロインとの接点
（らん尻）にあたる
らむしんのサシの
入り具合をチェック

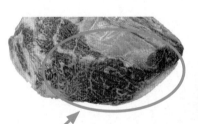

いちぼ（クーレット）：サシの入り具合をチェック

いちぼ：サシの入り具合をチェック

らんぷ：歩留まりを
チェック

歯ごたえがあり
小さいので
カレー用に

らむかわ

らむしん：肉色、歩留まりをチェック
　　　　ももの中でもとくに軟らかい部位だが、一部がとても歯ごたえがある

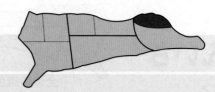

そともも（そとひら）

<用途>
すき焼き、しゃぶしゃぶ、
ローストビーフ、カレー用、
シチュー用、
切り落とし

全体の肉色、歩留まり、脂肪の色などチェックする

※注射痕によるシコリがみられやすい部位

しきんぼう（アイ
ラウンド）のサ
シの入り具合を
チェック

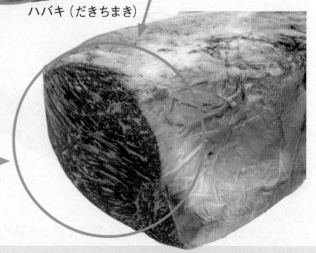

こちら側はスジがあり歯ごたえが
あるのでカレー用、シチュー用、
切り落としに使われることが多い

ハバキ（だきちまき）

サシの入り具合、歩留まりなどを
チェックする
厚切りだとやや歯ごたえがあるの
で薄めに切ると良い

す ね

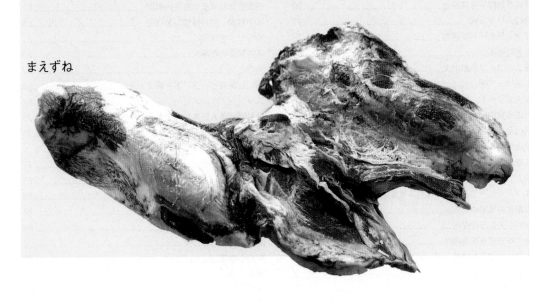

<用途>
カレー用、シチュー用、
ミンチ、切り落とし

全体の肉色、歩留まり、脂肪の色などチェックする
ドリップの出具合、匂いなどで鮮度のチェックも行う

まえずね

ともずね

広告索引

牛枝肉・牛部分肉の見方
～食肉のプロフェッショナルを育てる～シリーズ

初版発行 2022 年 3 月 15 日発行

発 行 所　株式会社 食肉通信社
発 行 人　西村　久

大阪本社　〒 550-0005　大阪市西区西本町 3-1-48
TEL（06）6538-5505　FAX（06）6538-5510
東京支社　東京都中央区日本橋小伝馬町 1 8 - 1
TEL（03）3663-2011　FAX（03）3663-2015
九州支局　福岡市博多区古門戸町 3 - 1 2
TEL（092）271-7816　FAX（092）291-2995

印刷・製本　株式会社松下印刷

定価　3,000 円（本体価格 2,727 円＋税）
U R L　www.shokuniku.co.jp　ISBN978-4-87988-151-9

－信頼と友愛は未来を創る－

本場近江牛とUSビーフ
ホテル・レストラン業務用食肉卸専門商社

牛若商事株式会社

代表取締役社長　森 村 義 幸

本　　社　〒604-8823　京都市中京区壬生松原町36番地
TEL（075）311-2983㈹　FAX（075）321-0589

西　　館／ポーションセンタービル　TEL（075）311-2983

東　　館／全国地方発送センター　TEL（075）321-2954

【ホームページ】http://www.ushiwaka.co.jp

株式会社鎌倉ハム村井商会は企業理念に基づき、お客様・社会が望む安心安全な製品づくりに取り組み、お客様からご満足頂ける品質の製品を提供することによって社会に貢献してまいります。

菊 株式会社 鎌倉ハム村井商会

横浜市瀬谷区卸本町2147-7　横浜総合卸センター内
〈TEL〉045-921-1041（代）　〈URL〉http://www.kamakuraham.co.jp

刺さるお肉、お探しですか。

- 黒毛和牛雌
- 小ザシ
- 融点の低い脂質
- 使いやすい小ぶりの牛
- 噛みが少ない高歩留肉
- グリ剥き小ロットも対応

神戸市場競り１頭買い

落札枝肉 Instagram で公開中

SHODAKEN_MIZUHARA

自社の加工で丁寧な成形

株式会社　庄田軒精肉店
〒6530042
兵庫県神戸市長田区二葉町２－１－５－２
電話：(078)611-3009

すべては、素材にあり。

"マジ"で黒毛和牛

信頼の黒毛和種

大黒千牛

黒毛和牛に命を懸けた「馬鹿正直な牛肉屋」
全国黒毛和牛枝肉販売・食肉卸し

大正 株式会社

〒546-0022　大阪市東住吉区住道矢田 8-18-8　TEL 06-4700-3569
WEB サイト：http://daikokusengyu.co.jp
通販サイト：http://shop.daikokusengyu.co.jp

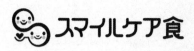
 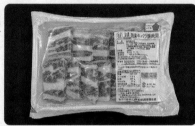
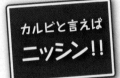

良い牛肉は、良い餌から。

名人和牛 究極の餌で育てた
「名人和牛」

「名人会」運営協議会　http://meijin-wagyu.jp

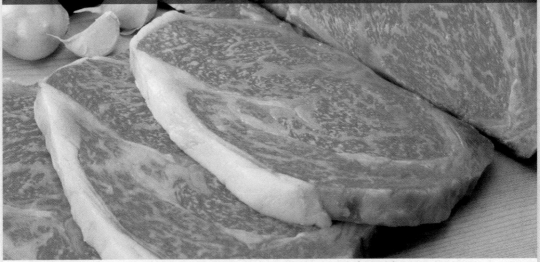

大阪市中央卸売市場南港市場荷受機関

代表取締役社長　田中　達夫

全国の生産者と食肉業界のパイプ役として、
公正な価格形成と安全・安心を提供します

食肉中央卸売市場の代表として社員一同、一生懸命頑張って参ります

〒559‐0032　大阪市住之江区南港南5丁目2番48号

電　話(06)6675 ⎨ 2110（代表）
　　　　　　　　 2115・2119（集荷促進営業）

FAX 06(6675)2112　ホームページ www.e-daisyoku.com

広島市中央卸売市場食肉市場卸売業者

広島食肉市場株式会社

取 締 役 会 長

福原 康彦

代表取締役社長

築 道 繁 男

〒733-0832　広島市西区草津港一丁目１１番１号

TEL 082(279)2920(代表)

FAX 082(279)2930

加工所　TEL 082(279)8881(直通)

FAX 082(279)2922

ホームページ URL　　http://hiroshima-mm.jp/

食肉機械をトータルプロデュース

食肉センターの設計・施工に限らず、トンネル型連続フリーザーを中心としたトータルでのライン設計など、食肉加工・食肉惣菜製造ラインを自在に設計・施工。

▶ 設計・コンサルティング・アドバイス（HACCP 認証に対応）
▶ 食肉センターや部分肉処理場の設計・施工
▶ 惣菜製造工場やプロセスセンター、食品配送センター建設
▶ 食品加工ラインのトータル設計・施工
▶ トンネル型連続フリーザーを中心としたトータルラインの設計・施工

▲トンネル型連続フリーザーを中心としたトータルでの
ライン設計の施工例 ［㈱佐藤食肉様、新潟県阿賀野市］

さびない枝肉搬送レール　ポイントレスでレールの切り替えも楽々！

第一技研の「アルミダブルレール」および「専用トロリー」は・・・

◎ 高強度・さびない・鋼くずが混入しない
▶ 工業用アルミ合金製なので、さびない（異物落下・混入がない）
▶ 剛性が高く、2tの荷重でもたわまない（高強度のアルミ構造）
▶ 軽くて溶接不要なため短工期で施工可能

◎ ポイントレス・楽々輸送を実現
▶ 樹脂ローラーにより枝肉を楽に動かすことができる
▶ レールポイントがなく、ポイントレスでレールの切り替えができる
▶ スイッチ（切り替えひも）がなく、作業者の負担が少ない
▶ スイッチ（切り替えひも）を介した枝肉への汚染がない
▶ 移動させたい方向に枝肉を押すだけで軽く方向転換できる

**食肉センターや
食肉加工工場など
で導入実践済み**

▲樹脂ローラーにより枝肉の方向転換も楽々
高強度のアルミ構造で2tの荷重でもたわまない

一級建築士事務所
特定建設業 (建、機、管)

株式会社第一技研

【本社】　〒532-0012
大阪市淀川区木川東４丁目2-2　テック新大阪ビル6-1
TEL(06)6306-6407
FAX(06)6306-6408

【宮崎営業所】　〒880-0911
宮崎市大字田吉 2201-2
TEL(0985)64-9102
FAX(0985)64-9103

Intertek
ISO9001:2015　認証取得
ISO14001:2015　認証取得

【ホームページ URL】http://www.d1-giken.co.jp

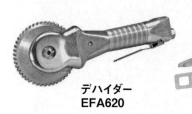

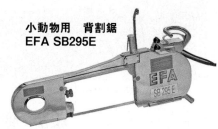

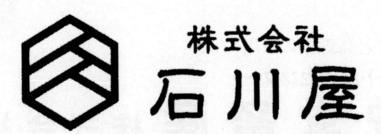

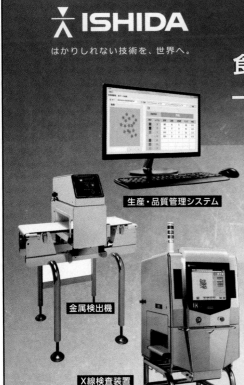
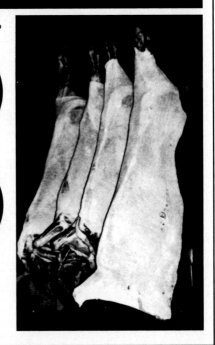

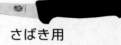

創業明治二十七年

松木家

肉の大橋亭

代表取締役社長 大 橋 秀 之
専務取締役 大 橋 亮太郎

本　　　　　社　〒605-0817 京都市東山区松原通大和大路西入11
　　　　　　　　電　話（075）541-1186代　ＦＡＸ（075）541-0888
大橋ビル（卸部）　〒605-0063 京都市東山区松原通大和大路西入12
　　　　　　　　電　　話　（０７５）５４１-１１８７
　　　　　　　　　　　　　　　　　　ギフト事業部

Healthy　Meat　Life を想像する

株式会社 カワイ

代表取締役社長　河合　伸一郎
代表取締役副社長　河合　弘太郎

本　　　　　社　〒760-0073 香 川 県 高 松 市 栗 林 3-11-28
　　　　　　　　TEL087-833-2991代　FAX087-833-2969
国分寺工場　〒769-0102 香 川 県 高 松 市 国 分 寺 町 国 分 890-1
　　　　　　　　TEL087-874-6666代　FAX087-874-5201

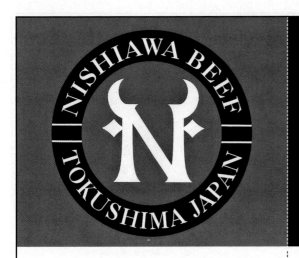

にし阿波から世界へ
From Nishiawa to the World

谷藤ファーム
TANIFUJI FARM

株式会社 にし阿波ビーフ

代表取締役　谷藤　哲弘

徳島県三好郡東みよし町足代890番地3
TEL 0883-76-5055

株式会社 谷藤ファーム

代表取締役　谷藤　哲弘

徳島県三好郡東みよし町足代916番地
TEL 0883-79-3125

国産 壽ホルモン

高松食肉センター牛内臓肉取扱業者
国産牛ホルモン専門問屋　壽屋グループ

株式会社 VMK 　代表取締役　川田　龍

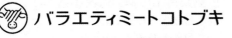

〒761-8013　高松市香西東町 548-5

お問い合わせはこちら
Tel.087-813-1629　Fax.087-813-1639
https://kotobukiya-group.jp

加古川中央畜産荷受株式会社

代表取締役社長　平井雄一郎

外役員一同

〒675-0321 兵庫県加古川市志方町志方町533

電話（079）452-4160　FAX（079）452-4477

さいたま市食肉中央卸売市場
さいたま食肉市場株式会社

代表取締役社長　金子健司

〒330-0843 埼玉県さいたま市大宮区吉敷町2-23

管理部・代表	(048)641-6711	管理部（経理）	(048)641-6715
管理部（FAX）	(048)641-6710	特販課	(048)649-0429
推進課	(048)649-0829	受託課	(048)641-8044

URL　http://www.saitama-mm.jp

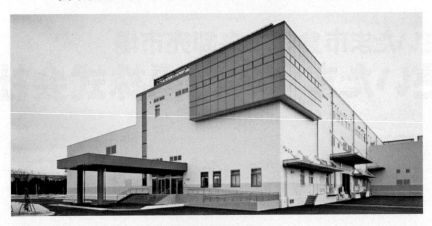

令和2年度 販売頭数1万頭を達成!!

常陸牛

ひたちぎゅう

®

豊かな大地に恵まれた銘柄牛 常陸牛

　常陸牛は令和2年度、販売頭数1万頭を達成しました。いつも応援してくださる方がたのおかげです。ありがとうございます。

　常陸牛は茨城県内の指定生産者が肥育した黒毛和牛のうち、東京中央卸売市場食肉市場、茨城県中央食肉公社、水戸ミートセンター、川口食肉卸売市場などにおいて、社団法人日本食肉格付協会が歩留まり等級B以上、肉質等級4以上に格付したものをいい、刻印を押して販売しています。

　国内では茨城県内をはじめ、東京、横浜、大阪の有名ホテル、高級レストラン向けに販売されています。また海外向けには米国、ベトナム、タイ、シンガポールに輸出しています。

　茨城県常陸牛振興協会が設立された3月5日は「常陸牛の日」として、茨城県内と東京都内で一斉フェアを行い、さらなる認知度の向上、消費の拡大、ブランディングの確立に努めています。

　安全・安心の取り組みとしては、牛個体識別番号に基づく移動履歴の公開に加え生産者名やコメント、写真、給与飼料などの飼養管理情報を付加し、インターネットで提供しています。

　これからも応援してくださる方がたの期待に応えられるように取り組んでまいります。

　今後の常陸牛にご期待ください。

茨城県常陸牛振興協会
http://ibaraki.lin.gr.jp/hitachigyuu.html